TITRES

ET

TRAVAUX SCIENTIFIQUES

DE

Julien BOUGLÉ

G. STEINHEIL, Éditeur.

TITRES

ET

TRAVAUX SCIENTIFIQUES

DE

Julien BOUGLÉ

Chirurgien des hôpitaux

PARIS

G. STEINHEIL, ÉDITEUR

2, RUE CASIMIR-DELAVIGNE, 2

1901

TITRES SCIENTIFIQUES

Externe des hôpitaux, 1889.

Interne des hôpitaux, 1891.

Aide d'anatomie, 1892.

Interne lauréat, médaille d'argent de chirurgie, 1894.

Prosecteur de la Faculté, 1895.

Docteur en médecine, 1896.

Lauréat de la Faculté de médecine, médaille de bronze, 1896.

Chirurgien des hôpitaux, 1898.

Membre de la Société anatomique (Vice-président, 1900).

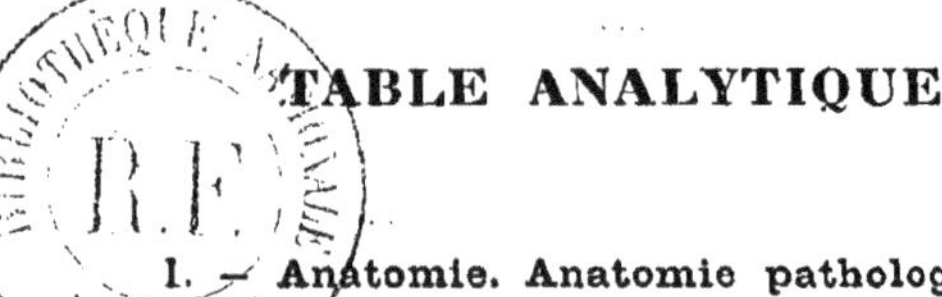

TABLE ANALYTIQUE

I. — Anatomie. Anatomie pathologique.

Pages.

Muscle surnuméraire de la région fessière........ 7
Faisceau accessoire du muscle jumeau interne de la jambe........ 8
Anomalie utéro-ovarienne. Absence du rein et de l'uretère gauches........ 9
Un cas de porencéphalie........ 11
Cancer du corps thyroïde........ 11
Épithéliome primitif de la vésicule biliaire........ 12

II. — Chirurgie.

I. — **Os** :

Contribution à l'étude des fractures spontanées........ 13
Fracture spontanée du fémur chez un tabétique........ 17
Fracture du fémur. Non consolidation. Ostéomalacie........ 18
Le « signe de Laugier » dans les fractures de l'extrémité inférieure du radius........ 19
Fracture du maxillaire inférieur........ 20
Décollement épiphysaire de l'épitrochlée. Radiographie........ 21
Troubles trophiques du squelette de la main et des doigts dans un cas de panaris profond du médius........ 22
Arrêts de développement du pied. Raréfaction du squelette........ 24

II. — **Articulations** :

Rhumatisme déformant chez une tuberculeuse........ 25

III. — **Tendons** :

Greffe autochtone des tendons extenseurs du pouce........ 29

IV. — **Vaisseaux et nerfs** :

Sutures artérielles........ 30
Chirurgie des vaisseaux et des nerfs........ 34

V. — Tube digestif :

Pages.

Cancer de l'œsophage. Gastrostomie 36
Deux observations de plaies de l'estomac 37
Volumineux appendice enlevé à froid 39
Hernie de l'appendice 39
Appendicite chronique et occlusion intestinale aiguë 40
Double kyste hydatique du foie traité par le procédé de Pierre Delbet .. 41
Kyste hydatique du foie ouvert dans les bronches 42
Adénome kystique de la glande sous-maxillaire 42
Fistule du canal de Sténon traitée par l'abouchement direct à la muqueuse buccale 43

VI. — Appareil urinaire :

Tuberculose rénale 44
Rupture traumatique de la vessie 45
Radiographie d'un fragment de sonde en gomme dans la vessie 47
Un cas d'urétrocèle vaginale 47

VII. — Appareil génital :

Tuberculose massive épididymo-testiculaire. Castration 48
Fibrome utérin et appendicite 49
Fibrome et cancer de l'utérus. Cancer secondaire des ovaires 50
Fibrome utérin et cancer végétant de l'ovaire droit 51
Fribrome utérin. Hystérectomie abdominale. Discussion sur le morcellement 51
Kyste du ligament large consécutif à une hystérectomie vaginale 53
Infection puerpérale aiguë. Hystérectomie vaginale 54
Hématocèle à poussées hémorrhagiques successives 54
Technique de l'opération d'Alquié-Alexander 55

VIII. — Crâne et face :

Plaie du crâne par balle de revolver 56
Kyste dermoïde de la région mastoïdienne 57
Abcès cérébral d'origine otique 58
Névralgie faciale rebelle. Résection du ganglion de Gasser 59

IX. — Thorax :

Plaie du cœur par balle de revolver. Suture du cœur 60

Le premier livre de médecine. Partie chirurgicale 61

Leçons recueillies.

TRAVAUX SCIENTIFIQUES

I. — ANATOMIE. ANATOMIE PATHOLOGIQUE

Muscle surnuméraire de la région fessière. — *Bull. Soc. anatomique*, 6 mars 1896, p. 171.

J'ai signalé, après d'autres auteurs, et Krause en particulier,

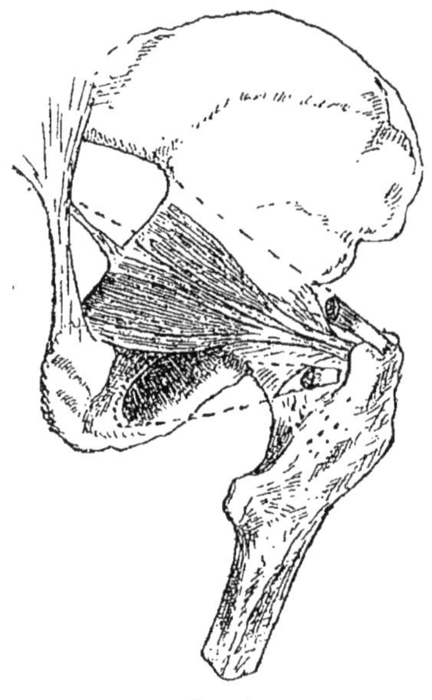

Fig. 1.

l'existence anormale d'un faisceau musculaire de la région

fessière profonde. C'est un muscle aplati d'avant en arrière, de forme triangulaire. Sa base s'insère à la face postérieure de l'os iliaque, au voisinage de la lèvre externe de la portion verticale de l'échancrure sciatique ; de là les fibres se portent en bas et en dehors et convergent vers un tendon arrondi qui s'implante sur la face interne du grand trochanter, entre le pyramidal, sus-jacent, et le tendon commun de l'obturateur interne et des jumeaux, sous-jacents.

Ce muscle est donc situé immédiatement au-dessus du jumeau supérieur, dont il n'est séparé que par un étroit interstice ; aussi avais-je cru pouvoir rattacher le muscle anormal au jumeau supérieur dont il constituerait un faisceau aberrant très développé. Telle n'est pas l'opinion de Ledouble (de Tours) qui fait de ce muscle surnuméraire une dépendance des muscles fessiers.

Cette anomalie n'a d'ailleurs qu'un intérêt purement anatomique. Il n'en est pas de même de la suivante.

Faisceau accessoire du muscle jumeau interne de la jambe. —
Bull. Soc. anat., 6 mars 1896, p. 172.

Ainsi que le représente la figure 2, qui a le mérite d'avoir été dessinée d'après nature, le faisceau anormal, observé sur une pièce de l'École pratique, se détache de la région condylienne externe et de la capsule articulaire du genou dans la région correspondante, pour venir s'unir au faisceau principal du jumeau nterne en l'abordant par son bord externe. Ce muscle accessoire traverse donc le creux poplité en diagonale de dehors en dedans. Il chemine entre l'artère et la veine, croisant la face postérieure de la première et passant au-devant de la seconde. En sorte que si on avait pratiqué la ligature de l'artère poplitée on aurait rencontré, chemin faisant, le muscle anormal en question sus-jacent à l'artère. Il est donc important de connaître la possibilité de l'existence de ce faisceau musculaire accessoire quand on entreprend la ligature de l'artère poplitée. Je ne saurais mieux

Fig. 2.

le comparer qu'au petit muscle axillaire accessoire qu'on rencontre parfois dans la ligature de l'artère axillaire, sur la paroi externe de l'aisselle.

Anomalie utéro ovarienne ; absence du rein gauche et de l'uretère correspondant (en collaboration avec Pilliet). — *Bull. Soc. anat.* 1895, p. 292.

Sur une femme de 42 ans, morte, dans le service de notre maître le professeur Tillaux, d'une péritonite d'origine appendiculaire greffée sur un fibrome utérin, nous avons observé une double anomalie génitale et urinaire d'un caractère absolument exceptionnel.

Le rein et l'uretère gauches étaient absents. La capsule surrénale gauche était à sa place. A droite, le rein occupait sa position normale ; sa forme n'était pas modifiée; seul, son volume était plus considérable qu'un rein sain, par suite, évidemment, de sa suppléance fonctionnelle.

Il existait, au contraire, deux utérus absolument distincts, l'un fibromateux, situé sur la ligne médiane et débordant à droite, l'autre, placé à gauche. L'utérus droit, abstraction faite du fibrome qu'il renfermait, avait son développement normal et se continuait régulièrement en bas avec le vagin. Quant à l'utérus gauche, son volume ne dépassait pas celui du pouce. Son aspect rappelait tout à fait la disposition de l'utérus embryonnaire, à base bifide, se prolongeant par deux cornes allongées. A la corne gauche répondait un ovaire, arrêté lui-même dans son développement. Utérus et ovaire gauches, paraissant être compris dans l'épaisseur du ligament large gauche de l'utérus droit normal, étaient refoulés contre la paroi pelvienne.

Il est à peu près impossible, dans l'état actuel de la science, de donner une explication plausible de cette double anomalie.

ANATOMIE PATHOLOGIQUE

Un cas de porencéphalie. — *Bull. Soc. anat.*, 25 nov. 1892, p. 717.

J'ai recueilli, au cours d'une autopsie, à l'hôpital Broussais, un cerveau atteint de porencéphalie. La cavité intra-cérébrale, qui avait le volume d'une mandarine, ne s'était révélée pendant la

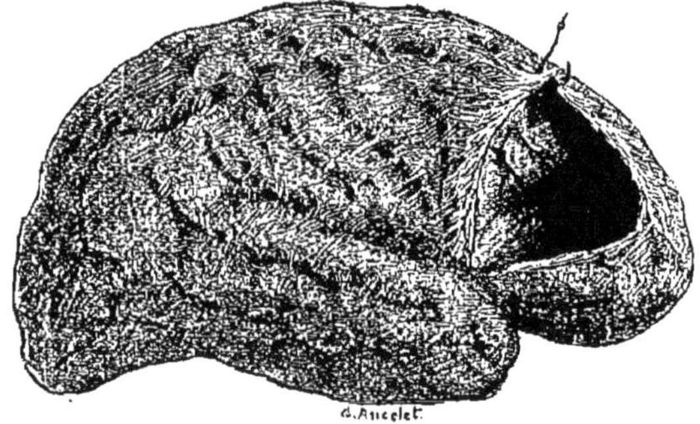

FIG. 3.

vie par aucun trouble appréciable. La disposition des méninges au niveau de cette perte de substance cérébrale, la nature du liquide qu'elle renfermait, l'aspect des circonvolutions au fond de la dépression, permettent d'affirmer qu'il s'agissait d'une lésion congénitale et non d'une porencéphalie acquise d'origine traumatique.

Cancer du corps thyroïde. — *Bull. Soc. anat.*, 1895, p. 58.

Un énorme épithéliome du corps thyroïde, un moment pris cliniquement pour une thyroïdite subaiguë, à cause de son évolution rapide, avait nécessité une trachéotomie d'urgence pour combattre les accidents asphyxiques. L'épaisseur de la couche néoplasique pré-trachéale, et sa grande vascularisation avaient rendu cette intervention difficile et imposé l'emploi du thermo-cautère. J'ai encore insisté, à propos de ce cas, sur la difficulté de sentir les anneaux de la trachée ramollie, et sur le guide précieux que j'avais trouvé, pour mener à bien cette intervention, dans la recherche et la constatation du cartilage cricoïde, faisant un relief appréciable.

Épithéliome de la vésicule biliaire. — *Bull. Soc. anat.*, 9 novembre 1894, p. 787 (en collaboration avec Pilliet).

On avait admis pendant la vie l'hypothèse d'une cholélithiase et posé les indications d'une intervention que le mauvais état général de la malade n'avait pas permis d'entreprendre. A l'autopsie, on constata une tumeur sous-hépatique formée par un cancer primitif de la vésicule biliaire. Il n'existait pas, comme cela s'observe cependant fréquemment, de lithiase biliaire concomitante.

II. — CHIRURGIE

I. — Os

Contribution à l'étude des fractures spontanées. — Thèse de doctorat, Paris, 1896.

Le point de départ de ce travail est une observation remarquable de *fracture spontanée* de l'humérus survenue au cours du diabète sucré, sans qu'on puisse invoquer aucune autre cause qu'une altération générale de l'organisme. Le cas est tellement exceptionnel qu'on avait songé tout d'abord à une fracture secondaire à un néoplasme intra-osseux. Il n'en était rien en réalité, et malgré quelques incidents, en particulier malgré une suppuration de la fracture, la consolidation se fit complète.

Cet accident ne pouvait s'expliquer que par une altération préalable de la trame osseuse, altération minime, sans doute, puisqu'elle ne s'était jusque-là révélée par aucun signe appréciable.

Le diabète ne pouvait être incriminé qu'en tant que maladie générale dyscrasique; par analogie, il était rationnel de rechercher si, d'une façon générale, les affections chroniques à retentissement sur l'organisme tout entier s'accompagnaient de lésions osseuses, prédisposant aux *fractures pathologiques*.

Écartant d'emblée de mon sujet les fractures bien connues, liées aux néoplasmes primitifs ou secondaires des os (sarcomes, épithéliomes), je n'ai voulu envisager que les *fractures spontanées* résultant d'une altération moins grossière du squelette, celles préparées par un processus de raréfaction et de dégénérescence graisseuse plus ou moins accentuée. A côté du diabète, j'envisageai successivement la syphilis, la tuberculose et le cancer.

Les faits que j'ai pu recueillir pour la syphilis sont tellement vagues qu'il est impossible de rien avancer, si l'on excepte, bien entendu, les ostéo-périostites gommeuses qui, comme l'on sait, sont souvent le point de départ de fractures pathologiques.

Chemin faisant, j'ai rappelé les altérations du squelette dans la tuberculose et en particulier cet état d'atrophie, de condensation du tissu osseux qu'on observe si fréquemment et que E. Nélaton et Charpy ont décrit sous le nom d'*os des phtisiques*. On rencontre encore dans la tuberculose une raréfaction osseuse et une dégénérescence graisseuse de la moelle parfois très prononcées. Il s'agit alors, le plus souvent, d'altérations locales développées au voisinage des tumeurs blanches et s'étendant souvent aux divers segments du membre sus et sous-jacents. C'est ainsi que dans la tumeur blanche du genou, les os de la jambe et même ceux du pied sont frappés d'atrophie graisseuse très prononcée.

J'ai rapporté un fait de cancer dans lequel l'examen histologique des os m'a montré une raréfaction du tissu osseux de tous points comparable à celle que je viens de signaler dans la tuberculose.

En définitive, il s'agit d'altérations secondaires et tardives; les poisons cancéreux et tuberculeux n'agissent que faiblement et lentement sur le squelette.

C'est dans les maladies nerveuses que je devais trouver le type de ces lésions osseuses prédisposant aux fractures et tout particulièrement dans le tabes.

J'ai donc repris l'étude des fractures spontanées dans l'ataxie locomotrice progressive, confirmant par des recherches personnelles les travaux antérieurs de Liouville et Blanchard au point de vue histologique, de Regnard au point de vue chimique. Quand on examine les os des tabétiques, on trouve constamment une diminution de la matière minérale et une raréfaction plus ou moins marquée du tissu osseux. Dans certains cas, le tissu compact des épiphyses se réduit à la minceur d'une coquille d'œuf comme chez cette femme dont j'ai pu observer le squelette, conservé dans le musée Charcot à la Salpêtrière.

Ces lésions sont très importantes à étudier, car nulle part, dans aucune autre maladie, on ne les retrouve aussi constantes et aussi accentuées.

Au point de vue clinique, les fractures des tabétiques, dont j'ai pu réunir 41 observations (cinq cas inédits), sont caractérisées par leur indolence et la facilité avec laquelle elles se produisent. C'est, le plus souvent, en se retournant dans son lit, que le malade se casse le fémur ou l'humérus. Le cal est volumineux, l'épanchement sanguin considérable. Contrairement à l'opinion ancienne, soutenue en particulier par Charcot, j'ai montré que la rapidité de la consolidation de ces fractures n'est qu'apparente, et qu'en réalité, ainsi qu'on pouvait le supposer a priori, le tissu osseux raréfié se soude difficilement. Le cal reste exubérant, par suite de l'hypergenèse du tissu osseux périostique. Entre les fragments, au niveau de la moelle, le travail de consolidation est nul ou du moins insuffisant.

Si les fractures tabétiques sont bien connues, aux points de vue anatomique et clinique, leur pathogénie est encore fort obscure. Charcot rattachait les lésions ostéo-articulaires à une altération des cornes antérieures de la moelle qui étaient pour lui les *centres trophiques* du squelette. Plus récemment, on a voulu les expliquer par les névrites périphériques observées dans le tabes.

J'ai tenté d'élucider cette question; avec le concours éclairé et dévoué du Dr Philippe, dont on connaît la compétence en matière de tabes, j'ai examiné méthodiquement les pièces de deux faits d'arthropathie et de fracture spontanée tabétique. La moelle a été débitée et minutieusement étudiée dans toute sa longueur; les filets nerveux osseux, articulaires et péri-articulaires ont été disséqués et examinés histologiguement, en utilisant les techniques les plus perfectionnées. Le résultat de ces recherches a été négatif; les lésions constatées du côté des nerfs nous ont paru si minimes, comparées aux désordres si accentués du squelette, qu'il est impossible de les rattacher les uns aux autres. Il n'en est pas moins certain que l'étude de tous ces faits conduit à admettre une influence directe dela maladie du système nerveux sur les altérations osseuses et articulaires, sans qu'on puisse, dans l'état actuel de la science, indiquer quelle est exactement la lésion nerveuse qui entraîne les troubles trophiques du squelette.

La syringomyélie mérite d'être placée à côté du tabes pour le point de vue que j'envisage ici; en effet, les altérations ostéo-articulaires y sont également très accentuées.

Il m'a paru intéressant d'étudier comparativement les lésions du squelette dans les autres maladies nerveuses, qu'elles frappent les nerfs, la moelle ou l'encéphale. C'est ainsi que j'ai rapporté une observation unique de fracture spontanée, des plus caractéristiques, observée au cours de la maladie de Friedreich.

De l'ensemble de ces recherches, il se dégage l'impression très nette que la nutrition du tissu osseux est sous la dépendance du système nerveux et que les altérations de celui-ci entraînent une modification plus ou moins marquée de celui-là. Cette action trophique se manifeste de deux façons différentes, tantôt et plus rarement sous forme hypertrophique, tantôt, et c'est la règle, sous forme atrophique. J'ai rapporté, à titre exceptionnel, une observation personnelle d'hypertrophie osseuse pure, survenue au cours du tabes. Les faits dans lesquels les deux processus hypertrophique et atrophique coexistent sont beaucoup plus fréquents.

Il n'est pas illogique d'admettre, par analogie, que les lésions osseuses rencontrées parfois au cours des maladies générales telles que le diabète, le cancer, la tuberculose, sont, elles aussi, sous la dépendance d'un trouble du système nerveux, engendré par ces affections.

En terminant, je rappellerai que j'ai encore publié dans ce travail une observation personnelle de fracture spontanée du tibia survenue au cours d'une arthrite sèche du genou. Sans rien préjuger de la pathogénie très obscure de l'arthrite sèche, j'ai cru pouvoir rapprocher cette fracture de celles qu'on observe dans le tabes, l'arthropathie tabétique présentant les plus grandes analogies avec la forme grave de l'arthrite sèche.

Fracture spontanée du fémur chez un tabétique. *Arch. génér. de médecine*, 1898, vol. I, p. 242.

Grâce à l'obligeance de M. le professeur Le Dentu, j'ai pu recueillir, dans son service de l'hôpital Necker, une observation typique de fracture spontanée tabétique. Fracture élevée, sous-trochantérienne, par action musculaire ; indolence absolue ; épanchement sanguin considérable au moment de l'accident ; cal exubérant ; retard de consolidation ; tous les symptômes, en un mot, qui caractérisent les fractures pathologiques, s'y trouvent réunis.

De plus, et c'est là le point le plus intéressant de l'observation, la fracture est survenue d'une façon précoce à la *période préataxique du tabes*, en même temps que les premières douleurs fulgurantes. La fracture spontanée peut avoir dans ce cas toute l'importance d'un signe révélateur de l'affection de la moelle. M. Dutil et le professeur Fournier ont rapporté deux faits analogues : bien que rares, ils suffisent à ruiner la théorie, encore soutenue par quelques-uns, d'après lequelle les fractures tabétiques ne seraient qu'une manifestation de la cachexie qu'on observe à la phase ultime de la maladie.

Fracture du fémur. Non consolidation. Ostéomalacie (en collaboration avec PILLIET). *Bull. Soc. anat.*, 3 mai 1895, p. 355.

Cette observation a été le point de départ de la thèse de M. P. de Saint-Gilles, Paris, 1895 *(Contribution à l'étude des pseudarthroses par ostéomalacie)*.

Il s'agit d'un fait d'ostéomalacie gravidique. La malade a

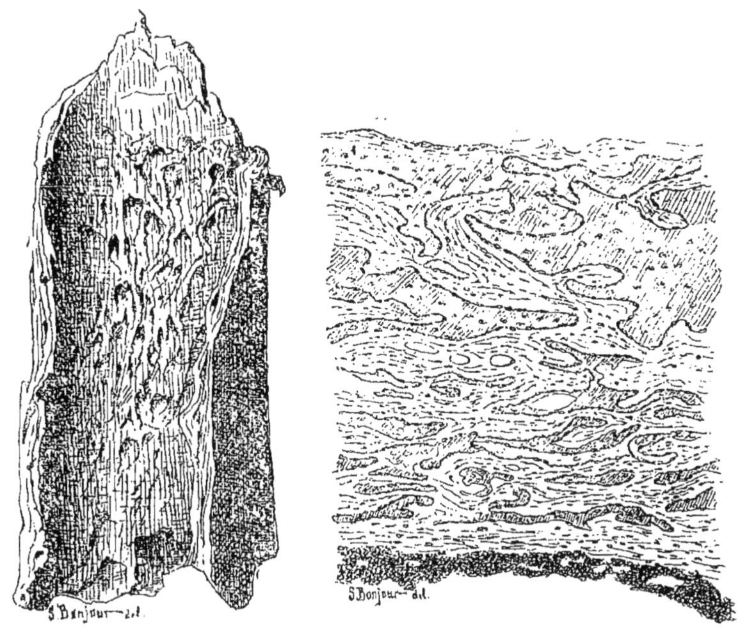

FIG. 4. FIG. 5.

commencé à ressentir des douleurs dans les membres pendant le cours de sa grossesse. Elles cessèrent au moment de l'accouchement ; puis reparurent plus accentuées quelques mois après, jusqu'au jour où la malade, se prenant le pied dans le tapis de sa chambre, tombe de sa hauteur et se casse le fémur à la partie moyenne. Malgré l'application immédiate d'un appareil à extension continue, la consolidation ne se fait pas. M. Tillaux, soupçonnant une interposition musculaire, incise et découvre le foyer de la fracture. Il n'existe pas de bride musculaire interposée, mais les extrémités des fragments sont molles et friables. Le morceau d'os représenté sur la figure ci-jointe se détache presque spontanément au cours des manœuvres d'exploration. Il est mou, friable, d'aspect vermoulu. L'examen histologique pratiqué par Pilliet permet de constater les lésions caractéristiques de l'ostéomalacie (fig. 5) : « tissu ostéoïde à mailles remplies par des masses d'apparence sarcomateuse » (Pilliet).

Le « signe de Laugier » dans les fractures de l'extrémité inférieure du radius. *Revue générale de clinique et de thérapeutique*, n° 52, 30 décembre 1899, p. 817.

Le « dos de fourchette » de Velpeau est pathognomonique. Quand il existe, il est impossible de ne pas reconnaître la fracture de l'extrémité inférieure du radius. Mais il est loin d'être constant ; il m'a semblé même qu'il était moins fréquent que ne le disent certains auteurs. Frappé des fréquentes erreurs de diagnostic commises par les élèves dans les consultations de chirurgie, la fracture sans déformation accentuée étant prise pour une entorse, il m'a semblé utile d'attirer l'attention sur le « signe de Laugier », l'ascension de l'apophyse styloïde du radius. Jointe au point douloureux nettement localisé au-dessus de l'articulation, la constatation du signe de Laugier suffit pour affirmer la fracture.

Au point de vue thérapeutique, les fractures de l'extrémité inférieure du radius se divisent également en deux classes, suivant qu'il existe ou non une déformation, un déplacement des fragments.

Chez les sujets âgés à déplacement minime, chez les jeunes dont la fracture ne s'accompagne d'aucune déformation, le traitement de choix est le massage.

Au contraire, lorsque le déplacement est accentué, il faut s'efforcer d'obtenir une bonne réduction. Cela n'est pas toujours aisé et exige parfois une grande force. En cas de difficulté, il ne faut pas hésiter à réduire sous l'anesthésie au chloroforme. L'immobilisation plâtrée maintient la réduction.

Fracture du maxillaire inférieur. In thèse de René Potelet, Paris, 1898, (*Contribution à l'étude des fractures du maxillaire inférieur et en particulier de leur traitement*).

Une observation, recueillie par moi à la consultation de chirurgie de l'hôpital Cochin et dans le service de M. Schwartz a été, sur mon conseil, le point de départ de la thèse. Le mécanisme en est un peu spécial puisqu'il s'agissait d'une fracture *mixte*, en quelque sorte, à double trait de fracture, l'un antérieur et un peu à gauche de la ligne médiane, de cause directe, l'autre postéro-latéral droit, de cause indirecte. Ce dernier trait de fracture n'avait pu être soupçonné par la clinique, il n'existait pas de déplacement ni de déformation à son niveau, mais un épaississement périostique douloureux et persistant. La *radiographie*, exécutée par le Dr Poupinel, a permis de mettre cette fracture postérieure en évidence. A l'époque où cette observation fut publiée, l'emploi de la radiographie dans le diagnostic des fractures ne s'était pas encore généralisé. Pour les maxillaires surtout, elle avait été fort peu utilisée, la technique encore peu perfectionnée ne fournissant pas habituellement des épreuves suffisamment nettes du squelette de la face.

Décollement épiphysaire de l'épitrochlée ; radiographie. — *Bull. Soc. anat.*, janv. 1901, p. 73.

Je n'ai publié cette observation, en réalité assez banale, que pour montrer une fois de plus combien la radiographie a simplifié l'étude des traumatismes du coude.

Ainsi que le montrent les deux dessins ci-dessus, représen-

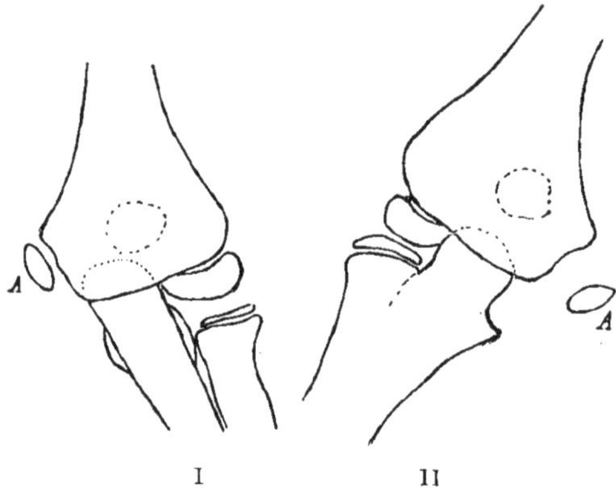

Fig. 6. — Schéma représentant le contour exact des deux radiographies. — I. Côté sain. — II. Côté malade. — A. Point osseux épitrochléen.

tant le contour exact des deux radiographies, la lésion saute aux yeux, si on compare le côté sain et le côté blessé ; or elle avait été méconnue et traitée, comme une luxation, par des manœuvres de réduction.

La radiographie a également montré qu'il s'agissait, non d'une fracture de l'épitrochlée, mais d'un *décollement de l'épiphyse épitrochléenne;* et c'est, comme l'on sait, ce qui explique la fréquence de cette fracture limitée à l'épitrochlée, dans l'enfance.

Troubles trophiques du squelette de la main et des doigts dans un cas de panaris profond du médius. — *Bull. Soc. anat.*, janvier 1901, p. 80.

Chez un malade, observé à la consultation de l'hôpital Saint-Antoine, et atteint de panaris profond du médius de la main

Fig. 7. — Radiographie de la main gauche malade.

gauche, ayant constaté des troubles trophiques des téguments d'aspect névritique, caractérisés par un amincissement de la peau, une coloration violacée et un refroidissement des téguments, j'ai voulu savoir quel était l'état du squelette, d'autant plus que le malade se plaignait de douleurs profondes, occupant toute

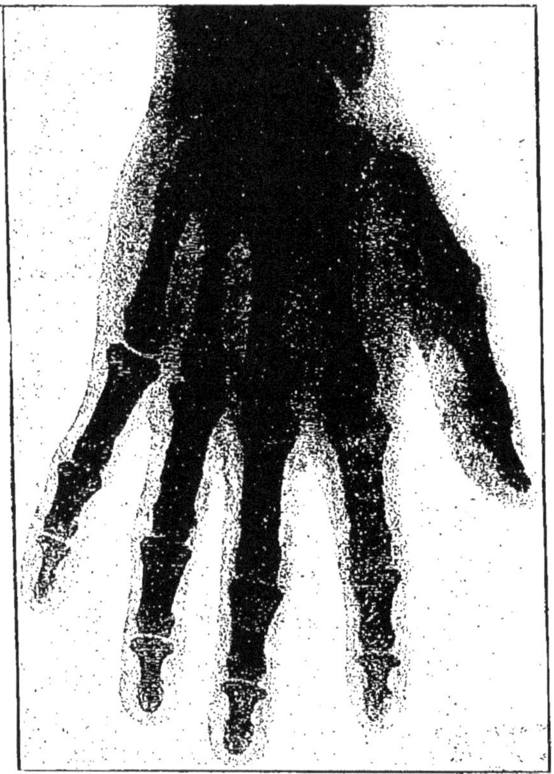

FIG. 8. — Radiographie de la main droite normale.

l'étendue de la main et entravant les mouvements des doigts. La plaie cicatrisée, le malade guéri, en apparence, de son panaris, j'ai fait radiographier comparativement les deux mains par le Dr Leray, à l'hôpital Saint-Antoine.

Il est facile de se rendre compte, sur ces épreuves, qu'il existe une altération profonde du squelette du côté du panaris.

Les bords de la première phalange du médius gauche sont élargis par un travail de périostose en rapport évidemment avec l'inflammation septique locale; mais à côté de cette périostite localisée, on constate nettement un état gris des extrémités osseuses, au niveau de l'extrémité inférieure des métacarpiens et surtout à la hauteur des phalanges. Cette altération se présente avec son maximum d'intensité au niveau du doigt malade. Cette systématisation des lésions permet d'affirmer, je pense, qu'il s'agit de raréfaction osseuse, à rapprocher des autres troubles trophiques observés chez ce même malade.

Arrêts de développement du pied. Raréfaction du squelette. — *Bull. Soc. anat.*, janv. 1901, p. 100.

Les conclusions de ma présentation précédente ayant été contestées par quelques membres de la Société anatomique, j'ai apporté à la Société deux radiographies, l'une relative à un *pied bot talus paralytique*, l'autre à un *arrêt de développement du pied* de cause inconnue. Dans les deux cas, on observe une altération du squelette caractérisée par une coloration grise des os qui tranche avec la teinte noire du squelette normal. L'atrophie, la raréfaction des os se trouvaient être en corrélation parfaite avec l'amincissement et l'atrophie des parties molles. Tout en reconnaissant qu'il faut éliminer certaines causes d'erreur résultant des conditions variables dans lesquelles sont prises les radiographies, de l'ensemble des faits observés il me semble qu'on peut conclure que les phénomènes de raréfaction du squelette se traduisent sur les épreuves radiographiques (obtenues dans des conditions connues) par des colorations spéciales, des teintes grises ou plus ou moins claires, différentes de l'aspect opaque fourni par les os normaux.

II. — Articulations

Rhumatisme déformant chez une tuberculeuse. — *Bull. Soc. anat.*, janv. 1901, p. 75.

On a longtemps confondu sous le terme vague de rhumatisme chronique déformant une série d'affections distinctes; parmi celles-ci, il en est une particulièrement intéressante, signalée par MM. Poncet, Bérard et Destot au Congrès de chirurgie de 1897, sous le nom de *polyarthrite tuberculeuse déformante* ou *pseudo-rhumatisme chronique tuberculeux*. J'ai eu l'occasion d'en observer un bel exemple chez une jeune femme de 32 ans. L'aspect des mains (fig. 9), les altérations du squelette constatées à l'examen radiographique (fig. 10 et 11), confirment de tous points la description donnée par les chirurgiens de Lyon.

N'ayant pas pu faire l'examen histologique et bactériologique des lésions articulaires, il m'est impossible d'apporter une donnée précise relativement à la nature de ces polyarthrites déformantes développées chez les tuberculeux.

On en est encore réduit aux hypothèses puisqu'aucun examen direct n'a été pratiqué. MM. Poncet, Bérard et Destot n'hésitent pas à admettre la nature tuberculeuse de l'arthropathie ; pour ces auteurs, il s'agit de tumeurs blanches multiples. L'hypothèse est soutenable ; cependant la disposition symétrique, très nette dans mon observation, l'évolution des lésions, régulièrement progressive des extrémités vers la racine du membre, permet au moins de se demander si le système nerveux n'est pas l'intermédiaire entre l'arthropathie et l'infection tuberculeuse, si, en un mot, ce ne sont pas des *arthrites trophiques* liées à l'action de la toxine

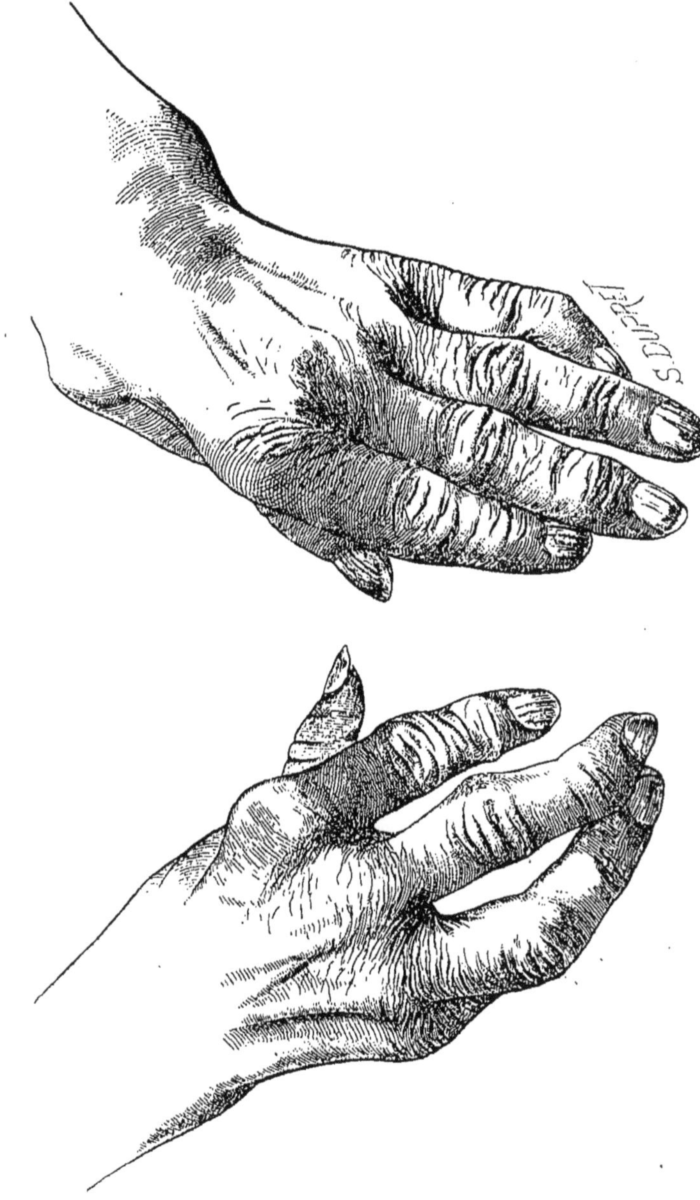

Fig. 9. — Mains de Berthe V..., d'après une photographie.

tuberculeuse sur les centres nerveux, analogues aux arthro-

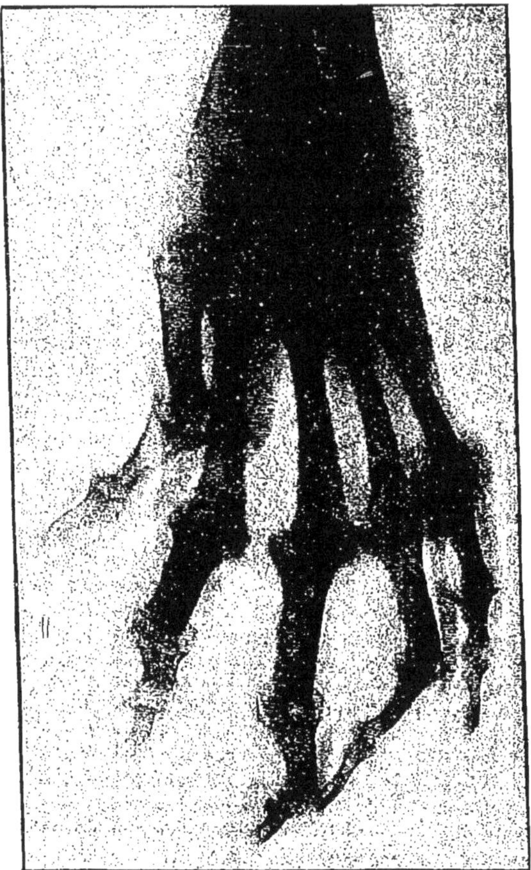

Fig. 10. — Main droite de Berthe V... — Épreuve radiographique.

pathies blennorrhagiques multiples et symétriques bien décrites par Jacquet.

Fig. 11. — Main gauche de Berthe V... — Épreuve radiographique.

III. — Tendons

Greffe autochtone des tendons extenseurs du pouce. Communication à la Société de chirurgie. *Rapport* de M. Nélaton, 27 février 1901. *Bull.*, p. 199.

La section des tendons extenseurs du pouce est une des plaies tendineuses les plus fréquemment rencontrées en pratique et aussi parfois l'une des plus embarrassantes au point de vue thérapeutique. Il suffit, pour s'en convaincre, de voir les nombreux procédés imaginés pour obtenir la restauration fonctionnelle. Dans le cas qui fait l'objet de cette communication, j'ai mis en pratique une méthode déjà employée par Rochet, de Lyon, pour remédier à une section des tendons fléchisseurs de l'index et que ce chirurgien a désignée sous le nom de « *greffe autochtone* ». L'intervention est pratiquée deux mois après l'accident qui a sectionné les deux tendons extenseurs du pouce. Il persiste un écart de plusieurs centimètres entre les deux extrémités tendineuses, malgré les tractions exercées sur le bout central. Je prélève un fragment de tendon, long de six à huit centimètres, sur le premier radial externe et, après l'avoir complètement détaché du premier radial externe, je le fixe par des sutures à la soie, d'une part, au bout périphérique, d'autre part, au bout central du tendon long extenseur du pouce. La gaine des radiaux est ensuite suturée au catgut de façon à isoler ces tendons et à éviter leur fusion ultérieure avec le long extenseur reconstitué, au niveau de leur entrecroisement. Même manœuvre exécutée au niveau du court extenseur également sectionné, en prélevant un fragment sur le tendon du long abducteur. Isolement par une suture au catgut de la gaine de ce dernier tendon. Le résultat fut très satisfaisant.

Le pouce, absolument inerte avant l'opération, peut être étendu et fléchi et le malade peut reprendre son métier de menuisier. La greffe s'est donc soudée, c'est le point intéressant de l'observation. La suture de la greffe tendineuse à la soie m'a permis de faire une mobilisation précoce des tendons, passive dès le douzième jour, active dès le quinzième. J'attache à ce détail une grande importance, au point de vue du résultat final, car je pense avoir évité par cette mobilisation très précoce la soudure entre le tendon reconstitué et les tissus voisins.

IV. — Vaisseaux et nerfs

Sutures artérielles. — *Bull. Soc. anat.*, 27 juillet 1900, p. 764.

Suture artérielle. Étude critique et expérimentale. — *Arch. de médecine expérimentale*, mars 1901, p. 205.

Longtemps considérée comme impraticable ou comme dangereuse, la suture artérielle n'est entrée dans le domaine chirurgical qu'au cours de ces dernières années. Elle est *partielle* ou *totale* suivant qu'on suture une plaie latérale du vaisseau ou qu'on affronte les deux bouts complètement séparés.

Les observations de *suture partielle* sont à l'heure actuelle assez nombreuses pour qu'on puisse admettre son efficacité et, on peut dire, sa bénignité.

Il n'en est pas de même de la *suture totale*, beaucoup plus difficile à exécuter, et dont l'étude, moins avancée, n'a guère dépassé la phase des tentatives expérimentales. Je me hâte d'ajouter que J.-B. Murphy a publié, il y a quatre ans déjà, une observation extrêmement remarquable de suture bout à bout de l'artère fémorale après résection d'un segment

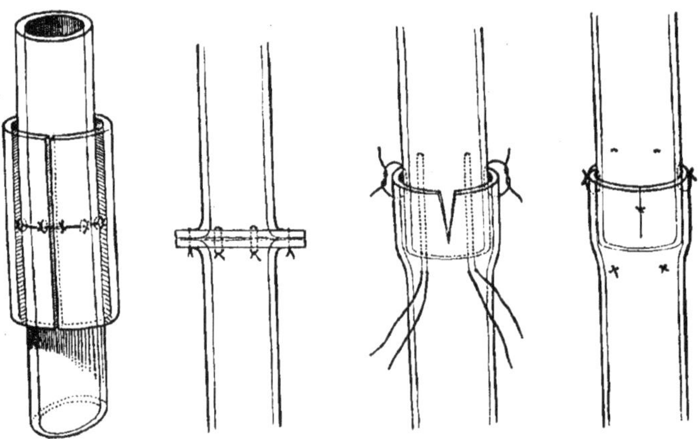

Fig. 12.

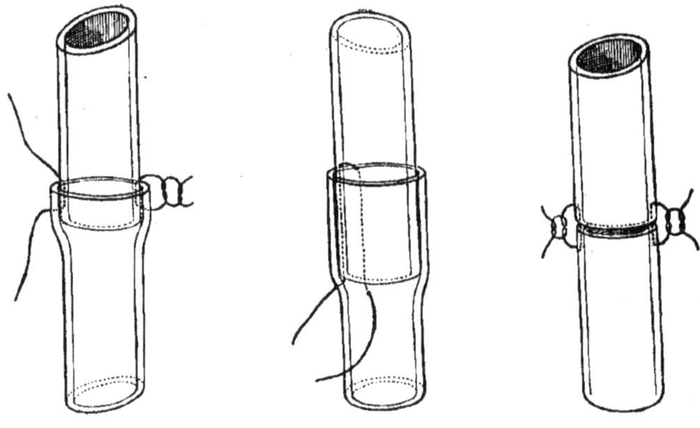

Fig. 13.

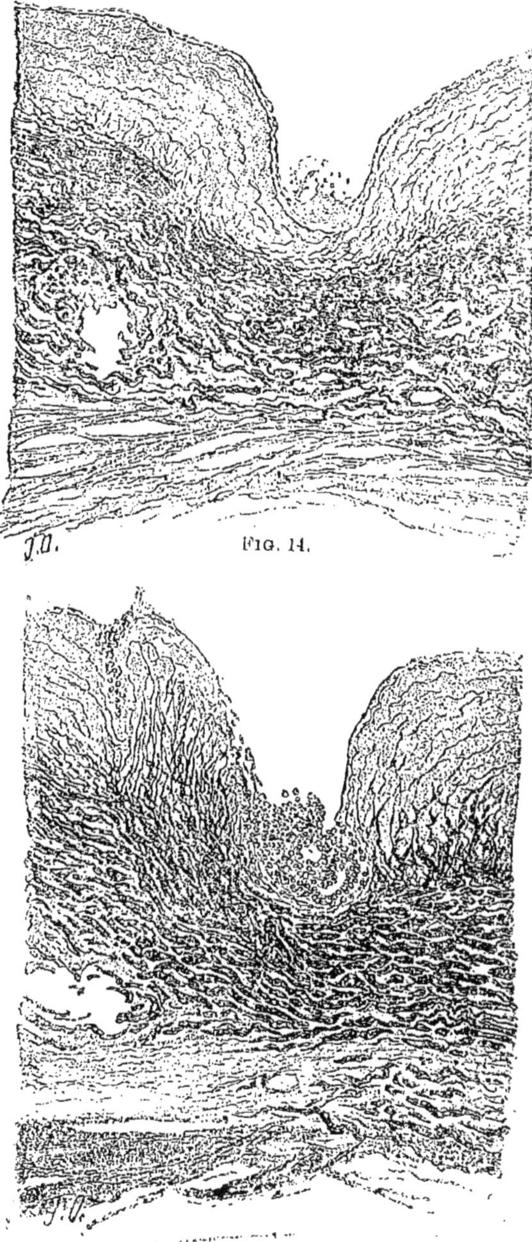

FIG. 14.

FIG. 15.

du vaisseau perforé par une balle de revolver. A part ce fait unique, tous les travaux publiés sur cette question sont relatifs à des recherches expérimentales.

En France, les résultats ont été surtout négatifs (Pierre Delbet, Raymond Petit, Jaboulay et Briau, premières recherches). Ces derniers auteurs sont cependant parvenus à suturer bout à bout une carotide d'âne (1898), mais il semble qu'ils aient constamment échoué dans leurs sutures chez le chien.

C'est à l'étude de cette suture totale que je me suis attaché, et j'ai pu présenter à la Société anatomique, le 27 juillet 1900, deux carotides de chien suturées bout à bout et dont la lumière était parfaitement perméable. Ces résultats avaient été obtenus par deux procédés différents.

J'ai fait la critique des techniques employées par Jaboulay et Briau, Glück, Murphy. Le procédé de ce dernier chirurgien, *par invagination*, me paraît être de beaucoup le meilleur. Le bout central de l'artère est invaginé dans le bout périphérique, et l'invagination est maintenue à l'aide de sutures spéciales.

J'ai modifié un peu la technique de J.-B. Murphy, en la simplifiant par la suppression de l'incision longitudinale du bout distal invaginant et par la substitution d'une anse simple de fil aux points en U à branches rapprochées, conseillés par ce chirurgien.

Par une simplification plus grande encore, j'ai supprimé complètement l'invagination; j'ai pu, malgré cela, obtenir une suture étanche et un vaisseau perméable. La condition essentielle du succès, à mon avis, est que les fils ne pénètrent pas dans la lumière du vaisseau.

Cependant, l'examen histologique (fig. 14 et 15) des carotides suturées bout à bout par les deux procédés personnels énoncés plus haut, m'a démontré que le résultat était meilleur en employant l'invagination de Murphy, plutôt que le simple accolement. Dans ce dernier cas, en effet, la ligne de soudure est représentée par une bande, très étroite il est vrai, de tissu fibreux cicatriciel, tandis que par l'invagination, on peut obtenir une restauration presque parfaite de la paroi avec continuité de l'élément musculaire et élastique qui constitue la tunique moyenne, c'est-à-dire la tunique *physiologique* de l'artère.

Je n'ai pas besoin d'insister sur l'importance de ces constatations histologiques si l'on songe à l'avenir de ces sutures artérielles et à la possibilité du développement ultérieur d'un anévrysme à leur niveau.

Cette question, d'ailleurs, doit être entièrement réservée jusqu'à nouvel ordre, les études expérimentales et les sutures partielles exécutées sur le vivant n'étant pas assez nombreuses et n'ayant pas été suivies un temps assez long pour que la question puisse être tranchée.

Les sutures artérielles totales ou partielles sont donc possibles et même relativement faciles, si l'on a recours à une technique très précise et si l'on a soin de prendre un certain nombre de précautions que j'ai énumérées, et sur lesquelles il m'est impossible d'insister ici.

Chirurgie des vaisseaux et des nerfs. — Bibliothèque de chirurgie contemporaine, Paris, O. Doin, 1901.

Je me suis efforcé, dans les différents chapitres qui composent ce volume, de donner un résumé, aussi clair et aussi complet qu'il m'a été possible de le faire, de nos connaissances actuelles. C'est une mise au point de la chirurgie vasculaire et nerveuse que j'ai voulu exposer, tout en tenant compte des limites forcément restreintes qui m'étaient imposées. J'ai dû, en conséquence, négliger certaines questions mal connues, ou peu importantes pour le chirurgien, en faveur d'autres qui nécessitent à l'heure actuelle des développements plus importants.

J'ai supprimé de parti pris de l'étude anatomique et pathogénique tous les points jadis admis et aujourd'hui reconnus faux, de façon à ne pas encombrer l'exposé des faits de notions inutiles. C'est ainsi qu'à propos des anévrysmes artériels, je n'ai pas cru devoir insister, comme on le fait encore souvent sur l'ancienne théorie, soutenue par P. Broca, des caillots *actifs* ou *passifs*. Ces expressions, qui correspondent à des hypothèses abandonnées, ne méritent pas elles-mêmes d'être conservées.

Les paragraphes consacrés à l'étude clinique n'ont peut-être pas tout le développement qu'ils mériteraient, néanmoins je pense que les points les plus importants y sont exposés.

C'est que j'ai dû réserver une large part à la thérapeutique chirurgicale. Et en effet, sous ce rapport les chirurgies vasculaire et nerveuse se sont singulièrement transformées depuis vingt ans. La question des anévrysmes artériels est particulièrement intéressante à ce point de vue. Lorsqu'en 1889, Trélat et Pierre Delbet vinrent devant le Congrès de chirurgie soutenir que le traitement de choix était l'extirpation de la poche, l'opinion de ces chirurgiens fut assez froidement accueillie; or, à l'heure actuelle, la grande majorité des chirurgiens s'est rangée à leur avis.

La chirurgie des vaisseaux et des nerfs a largement bénéficié de la substitution de l'*asepsie* à l'antisepsie. Toutes les interventions sur des organes aussi fragiles que des vaisseaux ou des troncs nerveux sont délicates ou dangereuses; on réduit le traumatisme opératoire au minimum et on diminue les chances d'infection en supprimant l'emploi des solutions antiseptiques et en n'utilisant que des fils aseptiques.

Dans la première partie de l'ouvrage, consacrée à la chirurgie des artères, le chapitre des plaies artérielles et de leur traitement a été rédigé en utilisant les travaux récents et aussi d'après des recherches expérimentales personnelles poursuivies dans le laboratoire de M. le professeur Raymond, à l'hospice de la Salpêtrière. J'ai pu de la sorte contrôler les effets de la contusion artérielle, de la ligature, de la forcipressure, de l'angiotripsie, et surtout fournir des données personnelles sur la suture artérielle.

V. — Tube digestif

Cancer de l'œsophage. Gastrostomie. — *Bull. Soc. anat.*, mai 1900, p. 486.

A propos d'un cas de gastrostomie pour cancer de l'œsophage, j'ai discuté la technique de cette opération et exposé les difficultés de son exécution. Les procédés de Fontan, de Marwedel n'ont sans doute qu'une importance secondaire; les

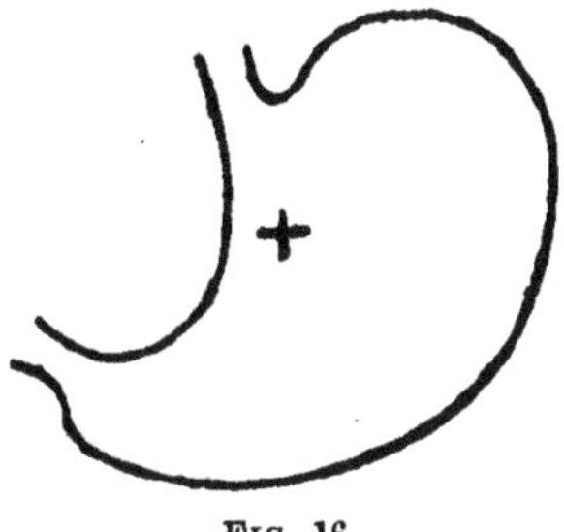

Fig. 16.

deux conditions essentielles d'une bonne gastrostomie sont l'étroitesse de l'ouverture stomacale (Terrier) d'une part, et, d'autre part, la situation élevée de cette ouverture, aussi proche que possible du cardia. Or c'est là la principale difficulté. L'estomac d'un sujet atteint de cancer de l'œsophage est petit et rétracté, parfois fixé par des adhérences péri-cardiaques, en sorte que, même en exerçant des tractions sur l'organe, il est impossible de l'abaisser suffisamment pour placer l'ouverture au lieu d'élection. Dans l'observation présentée à la Société anatomique, je me suis trouvé aux prises avec cette difficulté, et malgré tous mes efforts je n'ai pas pu faire la gastrostomie dans la région la plus élevée de l'estomac, mais seulement au niveau du point indiqué sur le schéma ci-joint.

Le malade n'a survécu que dix jours à l'opération; il est mort de pneumonie septique par perforation spontanée de la trachée, les bourgeons néoplasiques ayant envahi et ulcéré la trachée. Il y a lieu de se demander s'il aurait retiré quelque bénéfice de l'intervention stomacale.

Deux observations de plaie de l'estomac. — In thèse de Battreau. Paris, 1898-1899. *Contribution à l'étude des plaies de l'estomac.*

C'est sur mon conseil, et d'après deux observations personnelles, que M. Battreau a choisi pour sujet de thèse l'étude des plaies de l'estomac. Dans les deux, cas il s'agissait de plaie de la région de l'estomac par balle de revolver. L'une, traitée par la suture immédiate des deux plaies de l'estomac, fut suivie de mort par péritonite ; l'autre, traitée par l'expectation, fut suivie de guérison. Je ne veux nullement conclure de ces deux faits que l'abstention est le traitement de choix des plaies de l'estomac ; une telle opinion serait justement qualifiée de rétrograde. Le principe est à l'heure actuelle, je pense, à peu près universellement adopté par les chirurgiens : toute plaie pénétrante de l'abdomen par balle de revolver doit être traitée par l'intervention immédiate. Il n'y a plus lieu de discuter que sur des questions de détail et, en particulier, sur la conduite à tenir en cas de plaie thoraco-abdominale lorsque, par exemple, la balle a pénétré par le 7e ou 8e espace intercostal gauche, au niveau de l'espace de Traube. Ici encore, je pense que l'intervention immédiate est le traitement de choix, surtout lorsque, comme cela est assez fréquent, le malade a un vomissement de sang indiquant presque sûrement une perforation de l'estomac. Cependant, cette intervention est particulièrement difficile ; elle exige de la part du chirurgien qui l'entreprend une grande expérience de la chirurgie abdominale et nécessite une installation chirurgicale assez complète pour permettre d'exécuter sans danger une laparotomie laborieuse. D'autre part, ces plaies de l'estomac, ou plutôt de la région de l'estomac, ont un pronostic relativement moins sérieux que celles de l'intestin. De nombreux auteurs l'avaient déjà signalé, et M. Battreau, dans sa thèse, d'après 136 observations, trouve une mortalité de 25 p. 100 pour les cas non traités. Tout en faisant la part des faits non publiés et probablement plus souvent défavorables que favorables ; tout en reconnaissant qu'une statistique ainsi relevée est presque toujours trop favorable, il n'en est pas moins certain, étant donné l'écart entre cette statistique et celle des plaies de l'intestin, que les plaies de l'estomac comportent un pronostic moins sombre. Cela tient évidemment à la composition différente du contenu stomacal et des matières intestinales, celles-ci étant d'autant plus septiques qu'on se rapproche davantage du gros intestin, et surtout à l'état fréquent de vacuité de l'estomac. Le malade était-il à jeun au moment de l'accident : cette notion est de première importance au point de vue du pronostic, qu'on intervienne ou non.

Les plaies de l'estomac constituent donc un chapitre spécial de la chirurgie abdominale d'urgence, qui mérite d'être étudié à part, indépendamment des plaies de l'intestin.

Volumineux appendice enlevé à froid. — *Bull. Soc. anat.*, août 1900, p. 777.

J'ai présenté à la Société anatomique un appendice enlevé à froid, qui mesurait 12 centim. de long et 7 centim. de circonférence. Il était régulièrement cylindrique, donnant l'aspect d'une saucisse. Sa coloration était rosée et son aspect translucide; il s'agissait, en un mot, d'un hydro-appendix, analogue à ceux présentés à la Société de chirurgie par MM. Walther, Potherat, etc. La poche contenait un liquide séreux ; la paroi, examinée par M. Milian, présentait à sa surface interne son épithélium normal, un peu tassé cependant, et aplati par le liquide en tension dans la cavité appendiculaire. Ce qui est intéressant au point de vue clinique, c'est que cet appendice, situé en arrière du cæcum, n'était pas appréciable par la palpation. Ce fait prouve, une fois de plus, qu'on ne peut pas conclure du résultat négatif de l'exploration de la fosse iliaque droite à l'intégrité de l'appendice.

Hernie crurale droite étranglée renfermant l'appendice. Kélotomie. Réduction de l'appendice sain. Trois jours après, étranglement d'une hernie inguinale droite renfermant l'appendice enflammé. Laparotomie. Réduction de la hernie. Résection de l'appendice (en collaboration avec Dartigues). — *Bull. Soc. anat.*, janvier 1900, p. 73.

Il est fréquent de rencontrer l'appendice dans les sacs herniaires, qu'il s'agisse d'une hernie crurale ou d'une hernie inguinale, ainsi qu'en témoignent les thèses de Rivet, Sauvage, Asti (1894) et le travail plus récent de Briançon (thèse de doctorat, 8 avril 1897). Mais ce qui est plus rare et, sans doute, même exceptionnel, c'est de voir cet appendice passer d'une hernie crurale dans une hernie inguinale, la première ayant été opérée et, la seconde, jusque-là latente, ne se manifestant qu'à la suite de la pénétration de l'appendice. A cause de cela, il nous a paru intéressant de rapporter cette observation.

Appendicite chronique et occlusion intestinale aiguë. — *Gazette des hôpitaux*, 24 juillet 1900, n° 83, p. 837.

Au cours de l'appendicite aiguë, l'obstruction intestinale est extrêmement fréquente. Elle est la manifestation de la réaction péritonéale et de la paralysie intestinale qui en résulte. Bien qu'elle soit souvent méconnue et que la confusion souvent faite entre la péritonite et l'occlusion intestinale vraie prouve que cette question mériterait d'être davantage étudiée, ce n'est pas de cette forme que je m'occupe dans cet article, mais d'une autre moins fréquente, et encore bien moins connue. L'observation de ma malade peut se résumer de la façon suivante : occlusion intestinale aiguë par brides de péritonite chronique développées autour d'un appendice scléreux atrophié, chroniquement enflammé, et n'ayant jamais attiré l'attention de la malade. Les adhérences très prononcées que j'ai rencontrées au cours de la laparotomie s'étaient développées d'une façon absolument insidieuse, sans crise appendiculaire.

On comprend la difficulté qu'il y a à rattacher, dans ce cas, l'occlusion intestinale à sa véritable cause. Au moment où je publiais mon observation, M. Walther rapportait des faits analogues à la Société de chirurgie. D'autres laparotomies faites d'urgence dans les hôpitaux pour combattre des occlusions intestinales aiguës de cause inconnue, et dans lesquelles j'ai rencontré des lésions de péritonite chronique, localisées surtout autour du cæcum et de l'appendice, me permettent de penser que ces accidents sont sans doute moins rares que l'opinion classique ne tendrait à le faire supposer.

Double kyste hydatique du foie traité par le procédé de Pierre Delbet. — *Bull. de la Société de chirurgie*, séance du 17 janvier 1900, p. 60. *Rapporteur :* M. Brun.

L'intérêt de cette observation réside dans la complexité du kyste et dans le bon résultat obtenu, malgré cela, par le capitonnage de la poche. Un premier kyste saillant à la paroi abdominale est incisé après laparotomie et ponction du liquide qu'il renferme. Au moment de placer mes fils de capiton, je pique sur la paroi gauche de la poche et un jet de liquide limpide jaillit.

L'aiguille avait pénétré dans un second kyste méconnu. La cloison de séparation est incisée et je découvre ainsi ce second kyste, beaucoup plus volumineux que le premier et qui occupait tout le lobe gauche du foie, réduit à une coque d'un centimètre d'épaisseur. Ce second kyste est vidé, la vésicule mère enlevée. Puis je fais sur la cloison une seconde incision perpendiculaire à la première, de façon à la relever en quatre lambeaux que je fixe par des catguts à la membrane adventice de la première poche, transformant ainsi ce double kyste en une poche unique. L'incision de la paroi est agrandie pour pouvoir, dans de bonnes conditions, capitonner la poche du lobe gauche. Quatre fils sont passés en U pour accoler les parois. Suture de la surface du foie au catgut, hémostase complétée par quelques attouchements au thermo-cautère. Suture à étage de la paroi abdominale sans drainage. Guérison complète et rapide, malgré un petit hématome de la paroi.

Kyste hydatique du foie ouvert dans les bronches. — In thèse de C. Behr, *Des kystes hydatiques du poumon*, Paris, 1895, p. 102.

Il s'agissait d'un kyste hydatique du *lobe gauche* du foie ouvert dans les bronches du poumon gauche, pris cliniquement pour un kyste hydatique du poumon. Seuls quelques antécédents hépatiques et une teinte parfois légèrement bilieuse de l'expectoration avaient permis de songer à la possibilité d'un kyste du foie. Cette dernière opinion, qui était la vraie, fut confirmée par l'autopsie.

Adénome kystique de la glande sous-maxillaire. — *Bull. Soc. anatomique*, juillet 1900, p. 715.

Cette tumeur, du volume d'un petit œuf de poule, de consistance ferme, légèrement bosselée, avait été diagnostiquée :

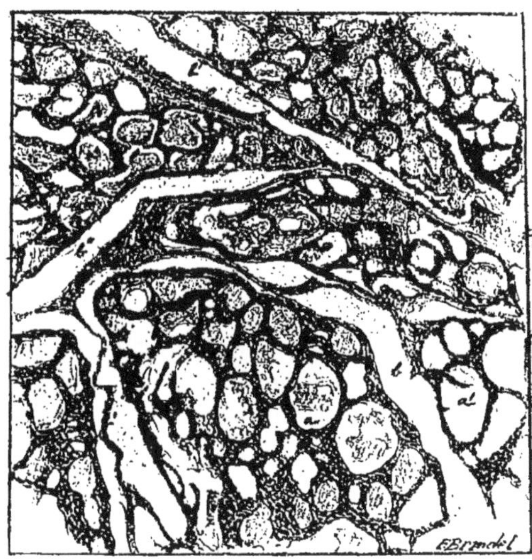

FIG. 17.

tumeur mixte de la glande sous-maxillaire. L'examen histologique, pratiqué par M. Milian, a montré qu'il s'agissait d'une variété rare de tumeur, d'un *adénome kystique* de la glande sous-maxillaire (fig. 17). Le professeur Duplay a publié en 1875 un cas d'adénome de la glande sous-maxillaire, mais il ne s'agissait pas, comme dans notre observation, de la variété kystique.

Fistule du canal de Sténon traitée par l'abouchement direct à la muqueuse buccale. — *Bull. de la Société de chirurgie*, 27 février 1901, p. 199. *Rapporteur :* M. NÉLATON.

La fistule siège à la joue gauche, à 4 centim. de la commissure labiale, sur une ligne menée de la commissure au tragus. Écoulement constant d'un liquide clair, limpide, avec exagération notable de la sécrétion lorsqu'on prie le malade d'exécuter des mouvements de mastication. L'opération a été exécutée de la façon suivante : Incision sur la joue de 4 centim., parallèle au trajet du canal de Sténon. Le conduit est d'abord isolé au niveau de son abouchement cutané, puis disséqué sur une longueur de 2 centim. environ, en se guidant sur un stylet introduit dans sa lumière. Lorsque je pensai l'avoir suffisamment libéré, à l'aide d'aiguilles courbes très fines, je plaçai trois anses de fils de lin non perforants dans l'épaisseur de ses parois, tout au voisinage de son extrémité libre. Après quelques tâtonnements pour déterminer le point d'abouchement le plus favorable, je traversai le buccinateur et la muqueuse buccale à l'aide d'un trocart et le canal de Sténon fut introduit dans ce trajet. Finalement les trois anses de fils furent fixées par la bouche, et, pour éviter toute atrésie du nouvel orifice, je suturai par trois points perforants de catgut fin les bords de l'orifice à la muqueuse buccale. Cet abouchement se fit aisément, sans coudure et sans traction du conduit, exactement au niveau du collet de la première grosse molaire supérieure. Après incision du pourtour cutané de l'ancienne fistule, l'incision de la joue fut fermée sans drainage. Suites opératoires normales. Revu à quelque temps de là, je constatai que le nouvel orifice présentait une disposition physiologique, sans exubérance ni dépression à son niveau.

VI. — Appareil urinaire

Tuberculose rénale gauche. Cystite tuberculeuse secondaire. Néphrectomie. Résultat 28 mois après l'opération. — *Annales des maladies des organes génito-urinaires*, n° 2, février 1901, p. 185.

Dans les récentes discussions à la Société de chirurgie (mai, juin, juillet 1900) sur le traitement chirurgical de la *tuberculose rénale*, des opinions diamétralement opposées ont été émises sur l'opportunité du cathétérisme des uretères comme moyen de diagnostic de l'unilatéralité des lésions. Dans l'observation que je rapporte, la cystoscopie jointe au cathétérisme urétéral du côté supposé malade a permis de poser un diagnostic précis et n'a eu aucune conséquence fâcheuse pour la malade.

Tout le monde est d'accord aujourd'hui pour reconnaître l'efficacité de la néphrectomie dans la tuberculose rénale, mais le nombre des observations, publiées en France, dans lesquelles on a pu étudier les suites éloignées n'est pas encore très considérable. C'est à ce point de vue surtout que le fait rapporté présente quelque intérêt. Lorsque je vis la malade en août 1898, dans le service de mon maître, M. le professeur Tillaux, elle était pâle, amaigrie et dans un état de faiblesse tel qu'elle ne pouvait plus se lever. L'examen clinique nous ayant fait admettre l'existence d'une tuberculose rénale gauche avec lésions secondaires de la vessie, j'eus recours à la cystoscopie et au cathétérisme urétéral pour compléter nos renseignements.

La cystoscopie pratiquée par Pasteur a permis de constater une ulcération de la muqueuse vésicale située au niveau de l'embouchure de l'uretère gauche. De plus, le cathétérisme de l'uretère gauche combiné avec le placement d'une sonde à demeure dans la vessie nous donna la valeur comparative des urines des deux reins. A gauche du côté malade, urine pâle, alcaline, renfermant des leucocytes, des hématies et de nombreux bacilles de Koch, de densité très faible, ne contenant que des quantités extrêmement faibles d'urée et de chlorures. L'urine du rein droit, recueillie au moment où elle se déverse dans la vessie, est jaune, acide, de densité normale, renfermant des quantités normales d'urée et de chlorures. La néphrectomie lombaire est pratiquée le 20 août 1898.

En 1899, la malade souffre de la vessie et séjourne quelques semaines à l'hôpital.

Revue en décembre 1900, *vingt-huit mois* après l'opération, la malade est dans un état très satisfaisant, elle a engraissé de quinze livres, et peut exercer sans fatigue la rude profession de garde-malade.

Rupture traumatique de la vessie. Intervention tardive. Mort. — In thèse de Furbury. *Etude sur les ruptures traumatiques de la vessie et leur traitement*, Paris, 1900.

Un malade âgé de 47 ans, entre dans le service de M. Monod à l'hôpital Saint-Antoine (que j'avais l'honneur de remplacer), le 23 novembre 1899, à dix heures du soir. Je le vois le lendemain matin. Il a reçu un coup de tête dans le ventre et se plaint de douleurs d'ailleurs assez modérées dans tout l'abdomen. Les régions les plus sensibles sont : l'épigastre, l'hypogastre et les fosses lombaires.

Le ventre n'est pas ballonné, mais un peu tendu autour de l'ombilic. L'interne de garde en pratiquant le cathétérisme a, paraît-il, recueilli un litre de liquide fortement hématique. Au moment où je l'examine, le malade, muni d'une sonde à demeure, rend goutte à goutte un liquide sanglant ne se coagulant pas dans l'urinal. Température normale ; pouls assez rapide et faible, mais régulier. Le malade raconte que quatre ans auparavant il a déjà reçu un coup de tête dans le ventre et qu'à la suite de ce choc il a pissé du sang pendant quinze jours. Il fut alors soigné à l'Hôtel-Dieu par le simple repos et guérit sans incidents.

La question de l'intervention est discutée, mais le malade paraissant mieux portant que la veille, au moment de son arrivée, et les signes de contusion étant diffus, sans qu'on puisse dire s'ils prédominent au niveau de l'intestin ou de l'appareil urinaire, je décide d'attendre. Glace sur le ventre. Sonde maintenue à demeure. Quinze cents grammes de sérum artificiel en injections sous-cutanées. Diète absolue.

Le soir, le malade est pris de vomissements bruns, à odeur fécaloïde, qui se répètent plusieurs fois dans la nuit.

Le lendemain matin, je l'opère en pleine péritonite, et le malade meurt dans la journée. L'opération me révèle l'existence d'une rupture très étendue de la paroi postérieure de la vessie et je trouve en arrière de la vessie une grande quantité de caillots, entre la vessie et le rectum.

L'autopsie médico-légale faite par M. Thoinot n'a pas révélé d'autres lésions que celle de la vessie ; les reins et l'intestin étaient sains.

Malgré l'obscurité des symptômes, en présence de l'hématurie abondante et du renseignement fourni par le malade d'une contusion violente de l'abdomen, l'intervention d'urgence était indiquée et peut-être serait-elle parvenue à sauver le malade. C'est pour défendre cette opinion de l'intervention précoce dans les ruptures de la vessie que je conseillai à M. Furbury d'en faire le sujet de sa thèse. L'opération, rarement pratiquée en France, a été souvent faite à l'étranger, surtout en Amérique, et de l'ensemble des faits publiés il résulte clairement que, à l'exception de quelques rares cas dans lesquels la guérison s'est faite spontanément, l'intervention précoce est le traitement de choix et, on peut dire, le traitement à employer systématiquement, par la raison que bien souvent il sera impossible de savoir si on est en présence d'un cas bénin, spontanément curable ou d'un cas grave ; d'autant plus que, comme dans notre observation, les symptômes sont souvent assez vagues. C'est à cette même conclusion que M. Sieur s'arrêtait dans son mémoire des *Archives générales de Médecine* de 1894. Les deux cas de guérison spontanée publiés en 1899 à la Société de Chirurgie par MM. Sieur et Delamarre ne sont pas suffisants pour modifier notre manière de voir.

Radiographie d'un fragment de sonde en gomme dans la vessie.
Bull. Soc. anat., octobre 1900, p. 891.

L'intérêt de cette communication réside dans ce fait qu'il a été possible, grâce à l'habileté de M. Infroit, adjoint au service radiographique de la Salpêtrière, de démontrer la présence de cette sonde en gomme par la radiographie.

L'épreuve radiographique du bassin a été obtenue en réduisant le temps de pose à vingt secondes. Assurément, le contour de l'ombre fournie par la sonde intra-vésicale n'était pas extrêmement net ; néanmoins l'épreuve était très suffisante pour qu'on puisse affirmer l'existence du corps étranger intravésical.

Un cas d'uréthrocèle vaginale. — In thèse de Paul Quintard. Paris, 1897-1898, n° 607. *Uréthrocèle vaginale.*

J'ai communiqué à M. Quintard une observation d'uréthrocèle vaginale qui a été le point de départ de sa thèse. Bien que cette affection soit bien connue en France depuis le mémoire de M. le professeur Duplay paru en 1880, ce n'est que dans ces dernières années qu'on en a publié un assez grand nombre d'observations. Dans le cas qui m'est personnel, rapporté par M. Quintard, la tumeur était classique comme siège, comme volume et comme contenu. Elle ne renfermait pas de concrétions calcaires, ainsi qu'on l'a parfois observé. L'opération a consisté dans l'incision de la muqueuse vaginale sur la partie culminante de la tumeur ; incision longitudinale, dissection des deux lèvres de la muqueuse vaginale en lambeaux, isolement de la tumeur uréthrale, excision, sonde à demeure, sutures para-uréthrales au catgut fin, et deuxième plan de sutures au catgut sur la muqueuse vaginale en prenant dans la suture une large surface de la muqueuse. Guérison rapide, résultat parfait.

VII. — Appareil génital

Tuberculose épididymo-testiculaire. Forme massive. Poussée inflammatoire de la vésicule séminale correspondante. Intégrité du canal déférent. Castration. — *Bull. Soc. anat.*, décembre 1899, p. 1045.

La question de la tuberculose génitale chez l'homme et de son traitement est toujours à l'ordre du jour.

Cette affection se présente sous des aspects tellement variés qu'il est impossible de lui appliquer une méthode thérapeutique immuable. La tendance actuelle est aux opérations parcimonieuses de résection épididymaire ou épididymo-déférentielle. La castration n'est pratiquée que dans des cas très rares. C'est précisément un de ces cas que j'ai eu à traiter et dont j'ai rapporté l'observation. Il s'agissait d'une *tuberculose massive* épididymo-testiculaire à début latent insidieux, simulant un néoplasme du testicule. La vésicule séminale correspondante était tuméfiée dans les premiers temps de l'invasion tuberculeuse, mais, peu à peu, elle a diminué de volume et finalement a repris sa disposition normale.

Ce n'était donc vraisemblablement qu'une simple poussée congestive du côté de la vésicule et non une localisation tuberculeuse, fait à rapprocher de ceux signalés par M. le professeur Berger en 1899. Ce qui contribuait à faire adopter cette opinion, c'était l'intégrité absolue du canal déférent, admise cliniquement et démontrée histologiquement.

La lésion massive épididymo-testiculaire ayant persisté malgré un traitement général approprié et malgré un traitement local d'injections interstitielles de naphtol camphré, poursuivi pendant plusieurs mois, je pratiquai la castration qui me paraissait absolument indiquée dans l'espèce. L'examen de la pièce confirma le diagnostic clinique ; l'épididyme et le testicule étaient confondus en une masse solide rappelant l'aspect de la châtaigne crue et renfermant à son centre une caverne du volume d'une grosse noisette. L'opération eut une influence très favorable sur l'état général.

Fibrome utérin et appendicite. — *Bull. Soc. anat.*, 1895, p. 292 (en collaboration avec Pilliet).

Cette observation a été déjà rappelée (p. 9) ; c'est chez cette femme, en effet, que nous avons constaté cette anomalie rénale et utérine signalée plus haut. L'utérus le plus développé était fibromateux ; il existait en outre une appendicite greffée sur le fibrome utérin et compliquée de péritonite purulente. Une incision de la paroi abdominale au-dessus de l'arcade crurale, pratiquée par M. le professeur Tillaux, avait momentanément amélioré l'état de la malade en évacuant le pus de la fosse iliaque. A l'autopsie, nous reconnûmes l'origine exacte de cette péritonite en trouvant l'appendice perforé au milieu de l'abcès pelvien.

Fibrome et cancer de l'utérus. Cancer secondaire des ovaires. — *Bull. Soc. anatom.*, mai 1900, p. 514.

L'association du fibrome et du cancer sur le même utérus n'est pas rare. Habituellement les lésions se présentent de la façon suivante : il existe un cancer pavimenteux développé sur le col utérin et le corps est occupé par un fibrome plus ou moins volumineux. D'autres fois, et plus rarement, il y a coexistence d'un épithéliome cylindrique et d'un fibrome du corps de l'utérus. Dans le cas qui fit l'objet de cette présentation et pour lequel

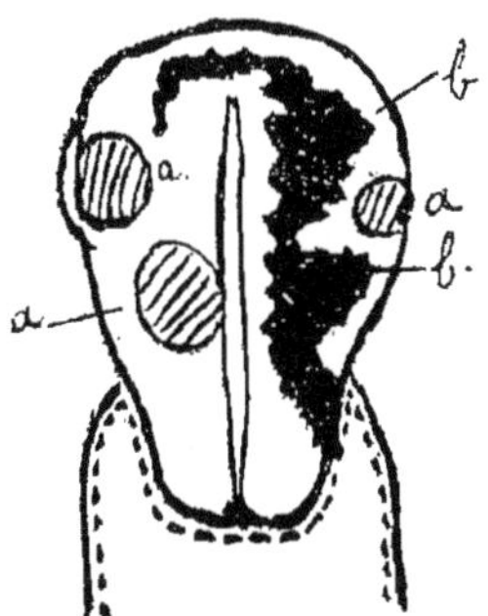

Fig. 18.

j'avais pratiqué l'hystérectomie abdominale dans le service de mon maître, M. Bouilly, l'évolution des lésions était différente. Le corps de l'utérus était atteint à la fois de dégénérescences fibreuse et cancéreuse, mais il s'agissait d'un cancer pavimenteux, ainsi que l'a prouvé l'examen histologique que M. le professeur Cornil a bien voulu faire de la pièce. En sorte qu'il faut admettre, et d'après M. le professeur Cornil cette évolution ne serait pas exceptionnelle, que le cancer né de la face profonde de la muqueuse cervicale, au lieu de proliférer vers la surface, avait de suite gagné le parenchyme utérin, remontant vers le corps de l'organe et se comportant finalement comme un cancer primitif du corps. Cliniquement, on ne constatait ni induration ni végétation sur le col qui avait conservé son aspect lisse et sa consistance uniforme.

Le mauvais schéma ci-joint (fig. 18) sera peut-être suffisant pour faire comprendre l'évolution de ce cancer pavimenteux né dans le col et dont l'aspect macroscopique rappelle le cancer du corps utérin. La muqueuse vaginale qui tapisse le col est représentée par une ligne pointillée; c'est de sa face profonde que se détache le néoplasme pour gagner immédiatement le corps de l'utérus.

Les ovaires étaient atteints de dégénérescence cancéreuse secondaire à l'épithéliome utérin.

Fibrome utérin et cancer végétant de l'ovaire droit. — *Bull. Soc. anatom.*, 1er juin 1900, p. 530.

Dans cette nouvelle observation, j'ai enlevé par la voie abdominale un fibrome utérin coexistant avec un cancer primitif de l'ovaire droit. Le diagnostic histologique de la tumeur ovarienne, examinée par M. le professeur Cornil, est : *papillome de l'ovaire ;* et M. Cornil ajoute, dans la note qu'il a bien voulu me remettre : « Cette variété de tumeur assez rare diffère essentiellement des papillo-épithéliomes muqueux qui constituent les kystes ovariques. Aussi je crois que cette variété est moins grave que les papillo-épithéliomes des kystes ovariques propagés à la surface péritonéale. »

Fibrome utérin. Hystérectomie abdominale supra-vaginale. Discussion sur l'énucléation. — *Bull. Soc. anat.*, juillet 1900, p. 761.

A propos d'un cas de fibrome arrondi saillant dans la cavité utérine (fig. 19) que j'avais enlevé par l'hystérectomie abdominale supra-vaginale, j'exposai devant la Société anatomique les différentes raisons qui auraient pu faire adopter ou rejeter le procédé de l'*énucléation* dans ce cas particulier. La principale raison pour laquelle je ne m'étais pas arrêté à cette méthode opératoire était l'âge de la malade (quarante-trois ans), l'énucléation n'étant indiquée que chez les femmes jeunes pour lesquelles on conserve quelque espérance de grossesse ultérieure.

Dans le cas particulier, le fibrome volumineux, unique, saillant

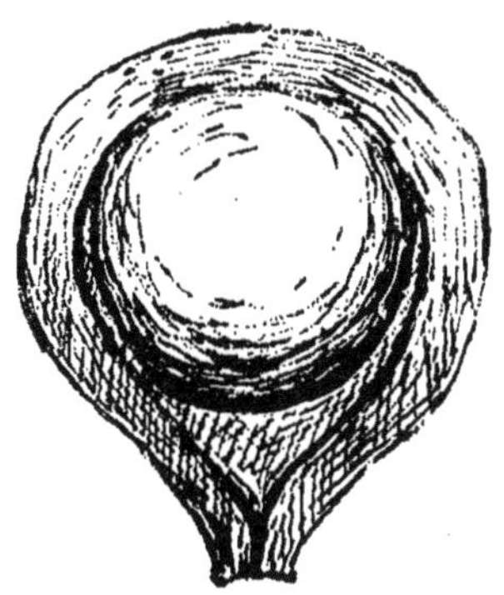

FIG. 10.

dans la cavité utérine, aurait pu être énucléé. Mais cette opération eût été laborieuse par suite d'une fusion complète entre le fibrome et la paroi utérine sur une grande étendue de la surface de la tumeur. De plus, la cavité utérine eût été d'emblée largement ouverte, tout le travail d'énucléation aurait été exécuté dans l'intérieur de la cavité utérine, c'est-à-dire en milieu septique. Bien que ce ne soit pas là une contre-indication pour les partisans de l'énucléation, il n'en est pas moins certain qu'une telle manœuvre aggrave certainement l'opération et qu'il y a lieu d'en tenir compte lorsqu'on envisage le *pronostic* du traitement des fibromes par l'énucléation.

Kyste du ligament large développé consécutivement à une hystérectomie vaginale pour salpingite suppurée. — *Bull. Soc. anat.*, juillet 1900, p. 718.

Cette complication tardive de l'hystérectomie vaginale n'est pas signalée dans les auteurs classiques. Sans doute, elle est rare ; elle n'est peut-être pas exceptionnelle cependant, puisque MM. Monod et Segond, auxquels j'ai communiqué le fait, m'ont déclaré avoir observé chacun deux ou trois cas analogues. Ce kyste, qui avait le volume d'une très grosse orange, était multiloculaire. Il n'existait pas d'épithélium à la face interne des poches, et M. le professeur Cornil s'appuie sur ce renseignement négatif pour admettre qu'il ne s'agit pas d'un kyste ovarique multiloculaire, mais plutôt de cavités séreuses formées aux dépens d'un travail de péritonite chronique.

Cependant, la présence d'un pédicule vasculaire qui, selon toute vraisemblance, nous parut être, au moment de l'opération, une dépendance du pédicule utéro-ovarien, me pousserait à admettre qu'il s'agissait d'une tumeur kystique développée aux dépens d'un débris d'ovaire, les trompes suppurées ayant été extirpées des deux côtés lors de la première intervention. J'avais cru également enlever les ovaires en entier ; mais on sait que souvent il peut rester au niveau du pédicule, dans la portion du ligament large voisine de la pince hémostatique, un fragment d'ovaire qui passe inaperçu au moment de l'opération.

En tous cas, il est bon d'être prévenu de la possibilité de la formation secondaire de ces tumeurs, à la suite de l'hystérectomie vaginale la plus simple, guérie sans incidents.

Infection puerpérale aiguë. Pelvi-péritonite suppurée. Hystérectomie vaginale. Mort. — *Bull. Soc. anat.*, janv. 1900, p. 61.

J'ai opéré cette malade d'urgence, pendant le service de garde, à l'hôpital Beaujon. Comme cela arrive malheureusement trop souvent, l'intervention a été pratiquée beaucoup trop tardivement ; la malade était en pleine péritonite et en hypothermie, indice d'une mort prochaine.

Il s'était écoulé seize jours entre le moment où je l'opérai et la date de sa fausse couche, cause première de son infection. Je pense avec MM. Tuffier et Bonamy que les cas de guérison signalés à la suite de cette intervention sont déjà en nombre suffisant pour faire admettre l'hystérectomie vaginale dans l'infection puerpérale aiguë, *à la condition, bien entendu, de considérer cette opération comme la dernière ressource*, après avoir épuisé tous les procédés simples qui doivent être successivement : l'irrigation intra-utérine répétée ou même continue, le curetage digital, et le grattage à la curette. L'hystérectomie dans l'infection puerpérale aiguë mérite donc, à mon avis, d'être classée au nombre des opérations d'urgence. Les cas de guérison qu'on obtiendra par ce traitement seront d'autant plus nombreux qu'après avoir consciencieusement épuisé les procédés ordinaires de désinfection utérine on y aura recours plus tôt.

Hématocèle à poussées hémorrhagiques successives. — In thèse d'Arroyo, Paris, 1898-1899, n° 48. — *Contribution à l'étude des hémorrhagies intra-péritonéales consécutives à la rupture de la trompe dans la grossesse tubaire, et en particulier de leur traitement.*

L'accord n'est pas encore fait sur le traitement de l'hématocèle péri-utérine consécutive à l'avortement tubaire ou à la rupture de la grossesse tubaire. Si l'on s'entend pour admettre la laparotomie immédiate en cas d'inondation péritonéale, on discute encore pour savoir quel est le meilleur traitement à appliquer à la forme moins grave, moins aiguë de l'hémorrhagie par rupture de la grossesse tubaire. Tandis que certains chirurgiens préconisent l'incision du cul-de-sac postérieur, d'autres sont partisans résolus de la laparotomie. Il m'a semblé que bien souvent dans les discussions les orateurs n'étaient pas d'accord parce qu'ils ne raisonnaient pas sur les mêmes faits. L'incision du cul-de-sac postérieur peut être suffisante pour évacuer une poche intra-péritonéale remplie de caillots *dans laquelle l'hémorrhagie est arrêtée.* A plus forte raison la voie vaginale est-elle le procédé de choix, lorsque les caillots sont infectés et en voie de transformation purulente. Mais lorsqu'on est en présence d'une hémorrhagie récente, abondante, qu'on soupçonne des lésions des annexes, et surtout lorsqu'on a affaire à cette variété d'*hématocèle à poussées hémorrhagiques successives*, aujourd'hui bien connue, c'est à la voie haute qu'il faut avoir recours. C'est pour défendre cette opinion, et en s'appuyant sur une observation que je lui ai communiquée que, sur mon conseil, M. Arroyo a choisi ce sujet de thèse.

C'est pour avoir méconnu cette forme, que certains chirurgiens, ayant décidé d'évacuer l'hématocèle par la voie vaginale, ont eu à lutter contre des hémorrhagies abondantes, nécessitant la laparotomie immédiate.

Technique de l'opération d'Alquié-Alexander. — In thèse de Simoes (*Des rétrodéviations mobiles de leur traitement par l'opération d'Alquié-Alexander*). Paris, 1896-1897, p. 65.

Dans ce travail, entrepris sur mon conseil et d'après mes indications, nous avons établi, d'après des recherches faites sur le cadavre à l'École pratique, une technique de l'opération d'Alexander, très analogue à celle proposée par Edebohls en 1890, et, en définitive, inspirée des procédés récents de cure radicale de la hernie inguinale. Au lieu de découvrir le ligament rond à la sortie du canal inguinal, c'est à son entrée qu'il faut aller le chercher, après avoir fendu largement la paroi antérieure du canal, c'est-à-dire l'aponévrose du grand oblique de l'abdomen. Grâce à cette méthode on trouve toujours le ligament rond, du moins chez les femmes qui n'ont pas dépassé la ménopause, ainsi que j'ai pu m'en assurer sur de nombreuses dissections et au cours d'opérations d'Alexander.

VIII. — Crane et face

Plaie du crâne par balle de revolver. — Présentation à la *Soc. anat.*, le 14 novembre 1894. — Analysée dans le *Mercredi médical*, 1894, p. 580.

Une jeune femme se tire une balle de revolver à la tempe droite et, après avoir présenté pendant plusieurs jours des accidents encéphaliques de contusion et d'infection, elle meurt dans le coma avec hyperthermie. A l'autopsie, la balle fut trouvée *à la face externe de la dure-mère;* celle-ci était décollée, non perforée. Entre la dure-mère et la face interne du crâne il existait un léger épanchement sanguin, insuffisant pour avoir pu causer la mort.

D'ailleurs, à l'incision de la dure-mère, on constate un foyer de contusion du lobe temporo-sphénoïdal du cerveau qui était la lésion mortelle.

Je présentai la pièce à la Société anatomique en faisant remarquer qu'une intervention, qui aurait eu pour but de faire une trépanation et d'évacuer le foyer sanguin extra-dure-mérien, aurait sans doute été inutile, la lésion étant plus profonde, au niveau du cerveau. Il est probable, en effet, qu'en présence de l'intégrité de la dure-mère on n'aurait pas incisé cette membrane pour explorer le cerveau.

Depuis cette présentation, les opinions ont évolué sur cette question de l'intervention dans les plaies du crâne par arme à feu, et les conclusions adoptées à cette époque ne sont plus guère valables aujourd'hui.

Kyste dermoïde de la région mastoïdienne. — *Bull. Soc. anat.*, janv. 1900, p. 72.

La tumeur présentée à la Société anatomique a été enlevée à la consultation de l'hôpital Saint-Antoine. Je n'ai rapporté cette observation qu'à cause de la rareté relative des kystes dermoïdes de la région mastoïdienne. La pathogénie de ces kystes n'est pas complètement élucidée. M. Poirier a émis à leur sujet une hypothèse séduisante : l'enclavement de la lame cutanée se produisant au niveau de la fissure résultant du rapprochement des deux points osseux constituant la portion mastoïdienne du temporal.

D'après M. Poirier, la mastoïde tire son origine de deux points osseux principaux, l'un antérieur commun à l'écaille et à la mastoïde, l'autre postérieur dépendant du rocher le plus souvent, ou appartenant en propre à la mastoïde. La soudure se ferait à la partie moyenne de la région mastoïdienne suivant une ligne oblique en bas et en avant répondant au grand axe de l'apophyse mastoïde. M. Poirier signale à la surface de l'os, chez l'adulte, la présence d'un sillon plus ou moins profond et inconstant, vestige de la soudure antérieure. Dans mon cas, le kyste était placé un peu en avant de cette région ; ce n'est cependant pas une raison, à mon avis, pour rejeter la théorie sus-mentionnée.

Abcès cérébral d'origine otique. Trépanation. Évacuation de l'abcès. Mort de méningite suppurée au huitième jour. — *Bull. Soc. anat.*, juillet 1900, p. 762.

Cette opération, pratiquée d'urgence dans le service de M. Peyrot à l'hôpital Lariboisière, démontre une fois de plus l'efficacité du procédé de Wheeler (voie mastoïdienne) défendu en France par M. A. Broca, pour découvrir les abcès cérébraux d'origine otique.

Le diagnostic fut posé d'après les renseignements suivants : la famille signale l'existence d'un écoulement de pus par l'oreille gauche depuis quelque temps. La malade est dans le coma, la température est à 37°,5, le pouls est *lent;* il bat 42 fois à la minute. Il existe, en outre, une paralysie incomplète du membre supérieur droit.

Trépanation mastoïdienne ; l'apophyse renferme du pus et des fongosités. Le plancher crânien est ensuite effondré. Il existe un peu de pus à la surface de la dure-mère, une ébauche d'abcès de Pott. La dure-mère incisée, je rencontre encore un peu de pus concret à sa face interne ; le cerveau fait bientôt hernie à travers la trépanation : sa surface est d'aspect normal, mais il ne présente pas de battements. Deux ponctions au stylet étant négatives, j'incise franchement avec le bistouri au point le plus saillant de l'écorce cérébrale. Incision sur une longueur de 15 millim. et à une profondeur de 1 centim. Il s'échappe aussitôt un demi-verre à bordeaux de pus épais, verdâtre, inodore ; l'examen bactériologique pratiqué par M. Lippmann, interne du service, y fit constater la présence unique du *pneumocoque.* Lavage à l'eau bouillie, drainage.

Amélioration momentanée. Mort au huitième jour avec des accidents de méningo-encéphalite et une température de 41°,9 qui monte à 42°,4 immédiatement après la mort. L'autopsie nous a révélé la présence d'une méningite suppurée de toute la surface des hémisphères.

Névralgie faciale rebelle. Résection du ganglion de Gasser. — *Bull. Soc. de chirurgie*, 1900, p. 1077. Rapp. de M. GÉRARD MARCHANT, le 17 mars 1901.

Névralgie totale des trois branches du nerf trijumeau, du côté gauche, datant de douze ans. La malade a épuisé toutes les ressources de la thérapeutique médicale, y compris l'électrisation qui a paru la soulager pendant quelque temps. Les douleurs sont continues, atroces, au point que la malade ne peut ni se peigner ni se coiffer. Elle vient d'Angoulême à Paris, réclamant instamment une opération, décidée à se suicider si le chirurgien ne peut rien pour elle. Je lui propose l'opération sans lui rien cacher de ses dangers immédiats et des risques auxquels son œil gauche sera exposé par la suite. Elle est décidée à tout pour ne plus souffrir. La seule opération logique était la résection du ganglion de Gasser, étant donnée la répartition des douleurs.

L'opération est faite suivant la technique recommandée par M. Poirier en 1896, puis par MM. Gérard Marchant et Herbet en 1897, c'est-à-dire en employant la voie temporo-sphénoïdale.

Les différents temps s'exécutent régulièrement : je lie l'artère maxillaire interne après avoir fait la résection temporaire de l'arcade zygomatique et de l'apophyse coronoïde. L'écarteur malléable permet de soulever le cerveau doublé de la dure-mère sans le contusionner. Le dernier temps, c'est-à-dire l'extirpation du ganglion, est rendu délicat à cause du sang veineux né des petites veines émissaires qui se rendent à la dure-mère, à la base du crâne. Les suites opératoires furent très simples. Les douleurs ont complètement disparu. Du côté de l'œil seulement, par suite de l'insensibilité absolue de la cornée, sont survenus des accidents inflammatoires, avec ulcération de la cornée qui, sans présenter aucune gravité ni aucun retentissement fâcheux sur l'organisme, impose des réserves sur l'avenir fonctionnel de cet œil.

Plaie du cœur par balle de revolver. Suture du cœur et du péricarde. Hémothorax par blessure du hile pulmonaire. Mort. — *Bull. Soc. anat.*, 15 février 1901.

Cette observation est la première en date, je pense, de suture de plaie du cœur par arme à feu. Dans leur travail de 1900, M. le professeur Terrier et Reymond rapportent 12 observations de suture du cœur pour plaie par instrument

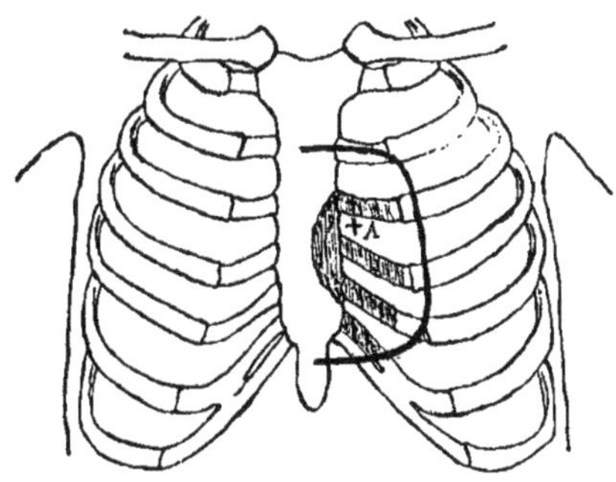

Fig. 20.

tranchant, mais aucun fait n'est cité de suture pour plaie par balle. Mon malade est mort d'hémorrhagie du hile pulmonaire et c'est, comme l'on sait, le gros danger des plaies de poitrine par balle. Il n'en est pas moins intéressant de constater que la plaie cardio-péricardique a pu être découverte et suturée, bien qu'il se soit agi d'une plaie du cœur en séton avec deux orifices, l'un d'entrée, l'autre de sortie, distants de 3 centim. La balle en perforant la plèvre et le poumon avait produit un large pneumothorax de la cavité pleurale gauche. Le cœur était refoulé à droite par l'épanchement d'air et de sang dans la plèvre. Pour cette double raison, cœur dévié à droite, existence d'un pneumothorax traumatique constaté cliniquement, j'ai adopté une technique opératoire différente de celle recommandée, d'après Fontan, par MM. Terrier et Reymond. N'ayant pas à me préoccuper du décollement de la plèvre gauche, et soupçonnant d'autre part une plaie du cœur d'après la situation de l'orifice d'entrée de la balle (troisième espace intercostal gauche à un travers de doigt du bord sternal), je fis à la hâte la résection des 3e, 4e, 5e et 6e cartilages costaux dans leur portion sternale, et la résection d'un segment du sternum au niveau de son bord gauche. Cette large brèche m'a permis d'explorer facilement le péricarde, la face antérieure du cœur et de faire basculer le cœur sur son axe longitudinal pour suturer l'orifice postérieur de la plaie.

Dans la majorité des cas, cependant, le volet thoracique à base externe, préconisé par Fontan, constitue à mon avis le procédé de choix.

Le premier livre de médecine. Partie chirurgicale. 1 vol. de 530 pages, édité par J.-B. Baillière, Paris, 1897.

Ce livre n'a aucune prétention scientifique. Il a été écrit dans le simple but de venir en aide à l'étudiant qui va à l'hôpital suivre un service de chirurgie ou une consultation.

Chaque chapitre comprend : 1° le résumé des notions anatomiques indispensables pour établir un diagnostic en chirurgie; 2° la disposition de la région, telle qu'elle s'offre à la vue et au palper sur le sujet vivant normalement constitué; 3° la description succincte des affections qu'on y rencontre le plus fréquemment.

J'y ai ajouté quelques principes élémentaires sur l'exploration de l'oreille, de l'œil et du nez que les élèves ont trop souvent l'habitude de négliger dans les services hospitaliers.

J'ai pensé que ce livre très élémentaire répondait à un besoin de l'étudiant, celui d'apprendre les premières notions médicales que ses maîtres ont parfois une certaine tendance à négliger parce qu'ils les supposent connues.

Ce qui me fortifie dans cette opinion, c'est la publication, vers la même époque, d'ouvrages analogues écrits, je m'empresse de le reconnaître, par des chirurgiens plus autorisés.

LEÇONS RECUEILLIES

I. — **L'avenir des pleurétiques**. *Clin. médicale*, M. Chauffard ; revue par le Professeur. *Revue générale de clinique et de thérapeutique*, 15 février 1893, n° 7, p. 97.

II. — **Des luxations anciennes de l'épaule**. *Clin. chirurgicale*, M. le professeur Tillaux. *Revue internat. de méd. et de chir. pratiques*, 10 janv. 1895, n° 1, p. 1.

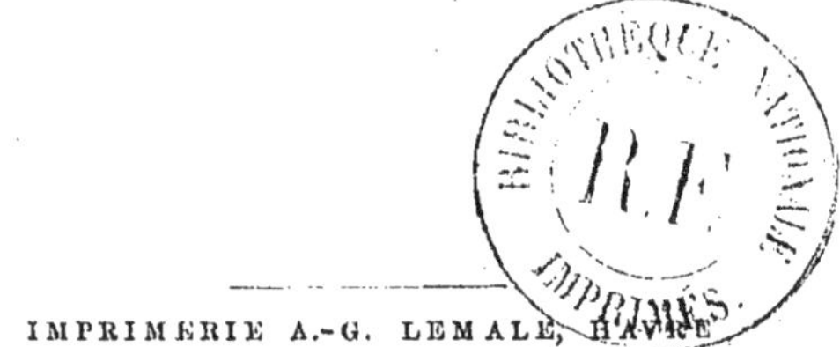

IMPRIMERIE A.-G. LEMALE, HAVRE

www.ingramcontent.com/pod-product-compliance
Ingram Content Group UK Ltd.
Pitfield, Milton Keynes, MK11 3LW, UK
UKHW021146230726
13926UKWH00002B/960

9 782013 485081